BEI GRIN MACHT SICH IHR WISSEN BEZAHLT

- Wir veröffentlichen Ihre Hausarbeit,
  Bachelor- und Masterarbeit

- Ihr eigenes eBook und Buch -
  weltweit in allen wichtigen Shops

- Verdienen Sie an jedem Verkauf

Jetzt bei www.GRIN.com hochladen
und kostenlos publizieren

Kristin Fischer

Die winterfeuchten Subtropen

Was macht den Mittelmeerraum zu einem so beliebten Urlaubsziel?

GRIN Verlag

Bibliografische Information der Deutschen Nationalbibliothek:

Die Deutsche Bibliothek verzeichnet diese Publikation in der Deutschen National-
bibliografie; detaillierte bibliografische Daten sind im Internet über http://dnb.d-
nb.de/ abrufbar.

Dieses Werk sowie alle darin enthaltenen einzelnen Beiträge und Abbildungen
sind urheberrechtlich geschützt. Jede Verwertung, die nicht ausdrücklich vom
Urheberrechtsschutz zugelassen ist, bedarf der vorherigen Zustimmung des Verla-
ges. Das gilt insbesondere für Vervielfältigungen, Bearbeitungen, Übersetzungen,
Mikroverfilmungen, Auswertungen durch Datenbanken und für die Einspeicherung
und Verarbeitung in elektronische Systeme. Alle Rechte, auch die des auszugsweisen
Nachdrucks, der fotomechanischen Wiedergabe (einschließlich Mikrokopie) sowie
der Auswertung durch Datenbanken oder ähnliche Einrichtungen, vorbehalten.

Impressum:

Copyright © 2008 GRIN Verlag GmbH
Druck und Bindung: Books on Demand GmbH, Norderstedt Germany
ISBN: 978-3-640-17824-7

Dieses Buch bei GRIN:

http://www.grin.com/de/e-book/116298/die-winterfeuchten-subtropen

GRIN - Your knowledge has value

Der GRIN Verlag publiziert seit 1998 wissenschaftliche Arbeiten von Studenten, Hochschullehrern und anderen Akademikern als eBook und gedrucktes Buch. Die Verlagswebsite www.grin.com ist die ideale Plattform zur Veröffentlichung von Hausarbeiten, Abschlussarbeiten, wissenschaftlichen Aufsätzen, Dissertationen und Fachbüchern.

Besuchen Sie uns im Internet:

http://www.grin.com/

http://www.facebook.com/grincom

http://www.twitter.com/grin_com

Johannes Gutenberg-Universität Mainz
Geographisches Institut
Kristin Fischer

Die winterfeuchten Subtropen

Was macht den Mittelmeerraum zu einem so beliebten Urlaubsziel?

07.01.2008

Inhaltsverzeichnis

1 Motivation und Fragestellung

Der Mittelmeerraum (vgl. Abb. 1), zu dem das Mittelmeer selbst mit den darin liegenden Inseln sowie die küstennahen Regionen Südeuropas, Vorderasiens und Nordafrikas gehört, zählt mit 100 Mio. Touristen pro Jahr zu den meistbesuchten Reisezielen der Welt (THEIßEN 1987: 7).

Doch was macht den Mittelmeerraum zu einem so beliebten Urlaubsziel?

Anhand dieser Fragestellung werde ich die Ökozone der winterfeuchten Subtropen auf Besonderheiten ihres Klimas, der Böden und auch bezüglich Relief und Gewässer untersuchen. Weiterhin gebe ich einen Überblick über die typischen Vegetationsformen, die Tierwelt und gehe auf das Naturpotential und mögliche Landnutzungsformen ein. Damit werde ich genug touristisch attraktive Besonderheiten aufgedeckt haben, um abschließend im Fazit meine Ausgangsfrage beantworten zu können.

Der aufgeweckte Leser fragt sich jetzt vielleicht, was die Fragestellung, die sich doch sehr speziell auf den Mittelmeerraum bezieht, eigentlich mit dem übergeordneten Thema „Die winterfeuchten Subtropen" zu tun hat. Die Antwort ist einfach. Der Mittelmeerraum nimmt mit einem Anteil von 50% an der Gesamtfläche der winterfeuchten Subtropen eine besondere Stellung ein und gilt damit als der wichtigste Vertreter der Ökozone überhaupt. Aus diesem Grund werde ich mich im Besonderen mit diesem, uns räumlich am nächsten liegenden, Teilraum befassen.

Abb. 1: Urlaubsimpressionen Mittelmeer

(verändert nach Urlaubswerk 2007, Pinea Reisen, Uni Münster 2006)

2 Verbreitung und äußere Abgrenzung

Die winterfeuchten Subtropen (auch bekannt als subtropische Winterregengebiete, sommertrockene Subtropen, Gebiete mit Mittelmeerklima oder mediterrane Subtropen) bilden mit nur 2,5 Mio. km², einem Anteil von nur 1,7% der Festlandsfläche der Erde, die kleinste Ökozone überhaupt. Außerdem sind sie von allen Ökozonen die am stärksten fragmentierte, die sich aus fünf relativ kleinen, voneinander isolierten Vorkommen zusammensetzt: Dem Mittelmeerraum, Kalifornien, Mittelchile, Kapland an der Südwestspitze Afrikas und Südwest-/Südaustralien (vgl. Abb. 2). Alle Teilgebiete befinden sich auf beiden Halbkugeln übereinstimmend an den Westseiten der Kontinente in etwa 30° und 45° geographischer Breite zwischen den tropisch/subtropischen Trockengebieten und den feuchten Mittelbreiten. Sie nehmen meist nur schmale, wenige 100 km landeinwärts reichende Küstenstreifen ein. Lediglich im Mittelmeerraum dringen sie weit ostwärts in die eurasische Landmasse hinein, bleiben aber auch dort grundsätzlich küstennah (SCHULTZ 2000: 314).

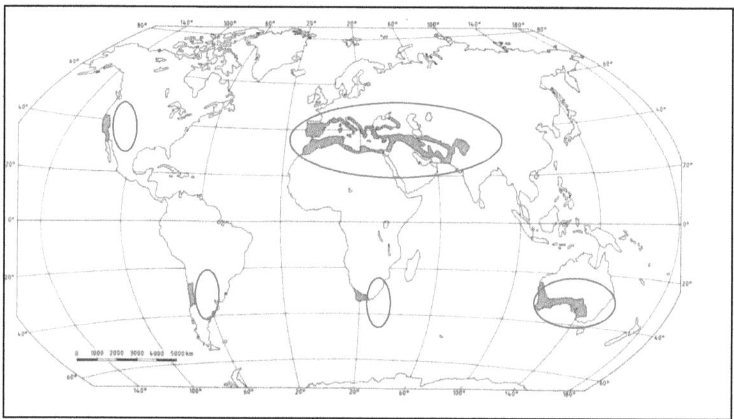

Abb. 2: Verbreitung der winterfeuchten Subtropen

(verändert nach KLOHN & WINDHORST 2006: 142)

Eine allgemeine Abgrenzung der winterfeuchten Subtropen über die Vegetation, die für alle Teilgebiete gleichermaßen zutrifft, ist schwer zu definieren. Denn besonders im Mittelmeergebiet wurde die natürliche Vegetation durch frühe anthropogene Eingriffe sehr stark verändert. Zur Abgrenzung können daher nur Kulturpflanzen herangezogen werden. Im Mittelmeerraum wird hierzu gerne die Verbreitung des Ölbaums (vgl. Abb. 3) untersucht. RIKLI (1943: 41) bezeichnet ihn *„nicht nur als den wertvollsten Frucht- und Nutzbaum der Mittelmeerregion, sondern auch als ihre wichtigste Leit- und Charakterpflanze"*. In den anderen

Teilgebieten der Ökozone versagt diese „Olivengrenze" (vgl. Abb. 4) allerdings, da der Öl-baum z.B. in Mittelchile und Kalifornien erst durch die Europäer eingeführt wurde und seine Verbreitungsgrenze dort noch nicht erreicht hat (Rother 1991: 18).

Eine einheitlichere und weltweit anwendbare Abgrenzung liefert das Klima.

Abb. 3: Der Ölbaum und seine Früchte (GURK & HEPP)

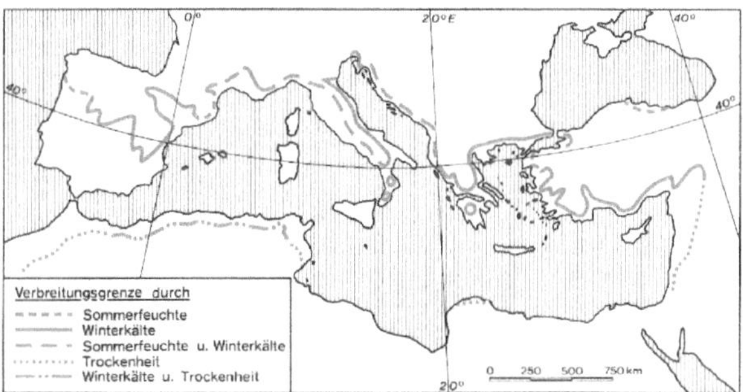

Abb. 4: Die Olivengrenze im Mittelmeerraum (ROTHER 1984: 18)

3 Klima

Die genetische Klimagliederung nach Flohn bezeichnet das Klima der winterfeuchten Subtro-pen als alternierend bzw. heterogen.

Im Sommer der Nordhalbkugel liegen alle Teilgebiete der winterfeuchten Subtropen im Ein-flussbereich der subtropisch-randtropischen Hochdruckgebiete. Die absteigenden Luftmassen bedingen die Auflösung der Wolkendecke. Es herrscht Strahlungswetter mit hohen Tempera-turen und großer Trockenheit.

Mit der äquatorwärtigen Verschiebung der Luftdruckgürtel im Nordwinter setzt sich das zyklonale Wettergeschehen der Mittelbreiten durch. Die winterfeuchten Subtropen liegen nun im Einflussbereich der außertropischen Westwindzone. Regenwetter mit frontengebundenen Niederschlägen wechseln dann mit strahlungsreichem Hochdruckwetter ab.

Die ostwärtige Erstreckung der winterfeuchten Subtropen hängt im Wesentlichen davon ab, inwieweit Gebirge die regenbringende Westwinddrift aufhalten. In Chile steigen bereits 200 km von der Küste entfernt die Kordillere um mehrere 1000 m auf, dementsprechend schmal ist das chilenische Winterregengebiet. Demgegenüber ist die Ost-West Erstreckung im Mittelmeerraum besonders groß, da die Westwinde

wegen des weit ins Kontintinnere eindringenden Meeres bis in den vorderasischen Bereich vordringen können. Durch die unmittelbare Nachbarschaft des Meeres bleibt der feuchte Winter mild. Nur gelegentlich treten Fröste auf, in den Höhenlagen kann sogar Schnee fallen (SCHULTZ 2000: 316f).

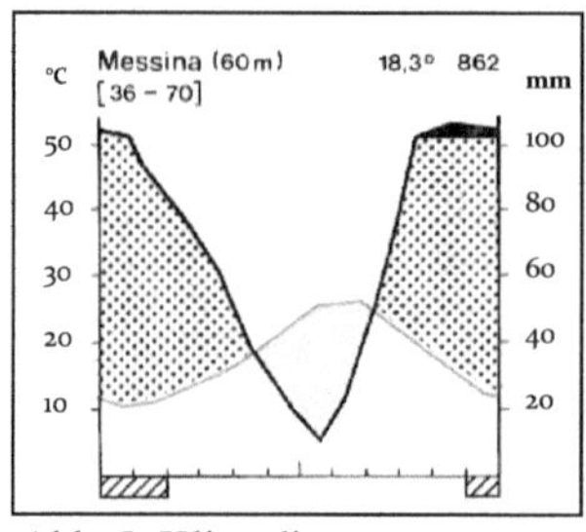

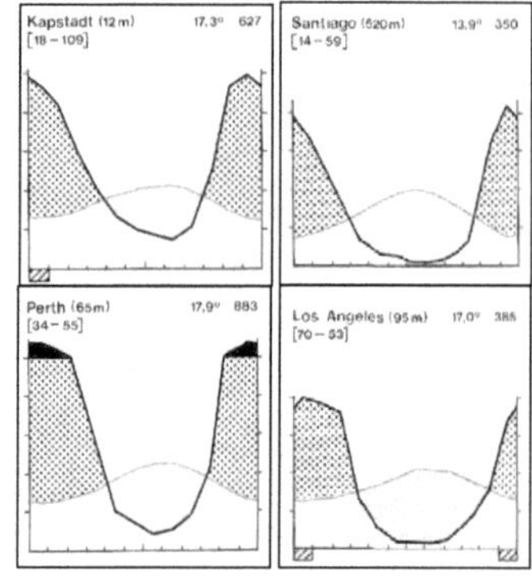

Abb. 5: Klimadiagramme
(verändert nach ROTHER 1984: 36)

Die in Abb. 5 aus allen fünf verschiedenen Teilräumen der winterfeuchten Subtropen zusammengestellten Klimadiagramme veranschaulichen, wie sich die jahreszeitlichen Luftmassenunterschiede effektiv in Daten ausdrücken.

Anhand von Messina (Sizilien) wollen wir das Klima der winterfeuchten Subtropen etwas genauer untersuchen: Das Klimadiagramm zeigt die typischen Verhältnisse einer küstennahen, mediterranen Flachlandstation mit einem relativ hohem Jahresmittel von über 18°C und erstaunlich hohen Jahresniederschlagssummen von 862 mm (vgl. Mainz: 10,1°C und 516 mm). Die sommerliche Erwärmung ist aufgrund der Meeresnähe und relativ niedriger Temperaturen der Küstengewässer geringer als sonst in gleicher Breite. Auch die winterliche Abkühlung hält sich in Grenzen. Die Monatsmitteltemperaturen liegen auch im kältesten Monat nicht unter +5°C, es gibt also im Flachland keine längere thermisch bedingte Vegetationsruhe. In den Höhenlagen allerdings kann die winterliche Kälte sehr wohl über längere Zeit limitie-

rend wirken. Besonders charakteristisch für die Klimastationen aller Teilgebiete der winterfeuchten Subtropen ist der gegenläufige Verlauf von Temperatur- und Niederschlagsjahres-
gang. Während im Sommer, der Jahreszeit mit der höchsten Temperatur und Sonneneinstrah-
lung, erhebliche Wasserdefizite auftreten, werden die höchsten Niederschlagssummen im
Winter gemessen. Es bestehen natürlich regionsspezifische Unterschiede in Länge und Aridi-
tätsgrad der Trockenperiode, der Menge der winterlichen Niederschläge sowie dem Jahres-
gang der Temperatur (SCHULTZ 2000: 317, MÜLLER-HOHENSTEIN 1981: 127).

4 Böden

Aufgrund der relativ hohen Niederschlagsmengen ist nahezu überall chemische Verwitterung
und damit Bodenbildung möglich. Allerdings werden die Bodenbildungsprozesse während
der sommerlichen Trockenheit meist unterbrochen. Die Böden entwickeln sich also langsamer
als in den vollhumiden Zonen der Erde. Eine vergleichsweise geringe Produktion an Biomas-
se vermindert die biologische Aktivität im Oberboden. Die Humusauflage ist somit gering,
was eine relative Nährstoffarmut bedingt. Außerdem sind die Böden sehr erosionsanfällig.
Gründe hierfür sind die lichte Vegetationsbedeckung, lange Perioden des Wassermangels und
plötzliche Starkregen. Weit verbreitet sind deshalb sogenannte „geköpfte Böden", deren A-
Horizont abgetragen wurde und die deshalb kein vollständiges Profil mehr aufweisen.
Als wichtigste Bodentypen sind die „Braunen mediterranen Böden" (Terra fusca) und die
„Roten mediterranen Böden" (Terra rossa) zu nennen (vgl. Abb. 6). Die dominierenden
„Braunen mediterranen Böden" entwickeln sich vorwiegend auf silikatreichem, eisenarmen
Ausgangsgestein, sind weitgehend entkalkt und reagieren schwach sauer. Die durch einen
hohen Anteil an freien Eisenoxiden leuchtend rot gefärbten „Roten mediterranen Böden" finden sich stattdessen vor allem auf Kalkgestein und sind insbesondere im östlichen Mittelmeerraum verbreitet. Beiden vorgestellten mediterranen Böden gemeinsam ist ein nicht sehr
entwickelter, humusarmer A-Horizont, dem ein relativ mächtiger, tonreicher B-Horizont ge-
genübersteht. Es handelt sich meist um fossile Böden, die aus einer Periode stammen, die von
tropischem Klima geprägt war. Besonders im Mittelmeerraum beeinflusst der Mensch durch
seine intensive Bodennutzung seit der Antike die bodenbildenden Prozesse (ROTHER 1984:
65, KLOHN & WINDHORST 2006: 138, MÜLLER-HOHENSTEIN 1981: 129f).

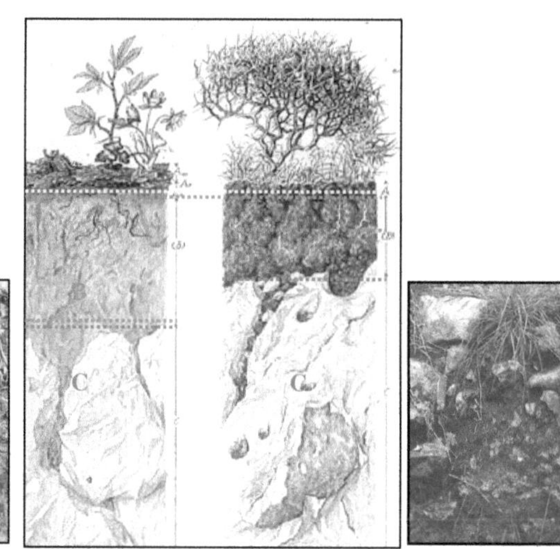

<u>Abb. 6</u>: Terra fusca (links) und Terra rossa (rechts)

(nach Universität Zürich 2001)

5   Relief und Gewässer

Geomorphologisch zeichnen sich die winterfeuchten Subtropen – mit Ausnahme von Australien, wo Ebenen vorherrschen - durch eine bewegte, stark gegliederte Oberflächengestalt mit
großer Reliefenergie aus (vgl. z.B. Diercke Weltatlas 2002). Im Mittelmeerraum, Kalifornien
und Mittelchile entstanden die erdgeschichtlich noch jungen Faltengebirge während der alpi-
dischen Orogenese und reichen oft bis direkt ans Meer heran (vgl. Abb. 7). Dies macht sie
besonders bei Aktivurlaubern wie z.B. Wanderern oder Mountainbikern beliebt. Es gibt im
Mittelmeerraum aber auch ältere, wenig reliefierte Formen (z.B. Beckenlandschaften), die
von jungen Faltengebirgen umrahmt werden. Eine solche kleinräumig gekammerte Oberflächengestalt ist besonders typisch für diese Region. In Kalifornien und Mittelchile fällt jeweils
eine Dreigliederung in Küstengebirge, Längstal und Hochgebirge auf. Bis heute finden in
vielen Teilgebieten der winterfeuchten Subtropen Erdkrustenbewegungen statt, die vom Menschen durch Vulkanismus und Erdbeben erst wahrgenommen werden (SCHULTZ 2000: 318f).

<u>Abb. 7:</u> Biokovo-Gebirge in Kroatien
(BERNHARD 2005)

Neben dem klimatischen Merkmal der sommerlichen Trockenheit verbindet die Teilgebiete der Winterregengebiete auch ein wichtiges morphodynamisches Kennzeichen: Fluviale und denudative Prozesse beschränken sich auf eine mehr oder weniger kurze Zeitspanne im Winter, können wegen der typischen Starkregen dann aber ganz beträchtliche Ausmaße annehmen. Dies hängt nicht nur mit der schon angesprochenen hohen Reliefenergie, flachgründigen Böden und undurchlässigen, leicht erodierbaren Mergeln und Tonen zusammen. Ebenfalls verstärkend wirken die Lückigkeit der Vegetation nach der Sommerdürre und eine, im Vergleich zu den feuchten Mittelbreiten, dünne Streuauflage. So reduziert sich die Fähigkeit der Böden zur Wasserabsorption, verstärken sich die Splash-Effekte und die Tendenz zum oberflächlichen Abfluss mit hoher Denudationswirkung (overland flow, sheet flow). Besonders stark sind die Abtragungsprozesse dort, wo der Mensch die Pflanzendecke durch Überweidung, Rodung oder Feuer geschädigt oder sogar nahezu vollständig zerstört hat (BRÜCKNER 2007: 345f).

Mit den hygrisch sehr unterschiedlichen Jahreszeiten unterliegen die Abflüsse in den Flüssen, die stark niederschlagsabhängig sind, erheblichen Schwankungen (vgl. Abb. 8). Nach plötzlichen Starkregen im Winter können sogar kleine Flüsse innerhalb kurzer Zeit zu reißenden Strömen anschwellen und zu Hochwasserkatastrophen führen. Dies erklärt den Verlauf der Abflusskurve in Abb. 8 mit einem Gipfel im Winter und großen jahreszeitlichen Wasserstandsschwankungen (torentieller Abflusstyp). Die Flüsse können im Winter Geröll- und Schwebefrachten von häufig mehr als 50 kg pro m^{-3} mit sich führen. Typische Akkumulationsformen der Torrenten sind mächtige, unsortierte Schotterkegel und Schwemmfächer am Fuß von Bergländern, wo die Flüsse beim Eintritt in die Ebenen abrupt an Gefälle verlieren. Erst weiter unterhalb kommt die feinere Schwebefracht zur Ablagerung und baut dort küstennah fruchtbare Schwemmebenen und Deltas auf. Im Mittelmeerraum haben diese Alluvialebenen als Siedlungs- und Wirtschaftsraum erhebliche wirtschaftliche Bedeutung erreicht.

Während der sommerlichen Trockenzeit schrumpfen viele Flüsse wieder zu kleinen Rinnsalen zusammen oder versiegen ganz (BRÜCKNER 2007: 345f, SCHULTZ 2000: 319f).

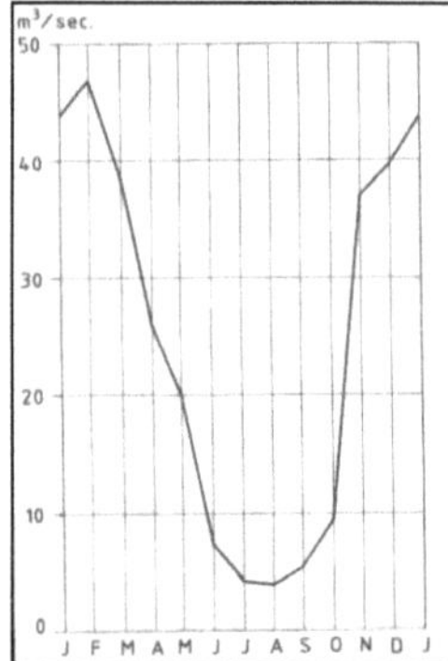

Abb. 8: Mittlere monatliche Wasserführung des Flusses Sinni in Süditalien (verändert nach KLOHN & WINDHORST 2006: 147)

Abb. 9: Torrente in Griechenland
(BRÜCKNER 2007: 346)

Abbildung 9 zeigt ein solch torrentielles Fließgewässer in Griechenland, das im Sommer als Fahrweg genutzt wird. An den großen Geröllen wird die Transportkraft des Flusses Revmas deutlich, die schlechte Sortierung weist auf Schwankungen in der Wasserführung hin. Der Fluss hat sich in seinen eigenen Schwemmfächer eingeschnitten, der durch Akkumulation beim Eintritt vom Gebirge zum Vorland entstanden ist (BRÜCKNER 2007: 345).

In Kalksteingebieten wie dem östlichen Mittelmeerraum sind Karstformen (z.B. Dolinen) weit verbreitet. Durch den Karstwasserhaushalt können die Niederschläge im Winter zurückgehalten und gespeichert werden, was einen gleichmäßigen Abflussgang in diesen Gebieten erklärt (KLOHN & WINDHORST 2006: 137).

6 Vegetation und Tierwelt

Die Flora und Fauna der winterfeuchten Subtropen weist durch die Gliederung in fünf Teilgebiete eine große Artenvielfalt auf. Je nach Teilregion sind die Zusammensetzung der Vegetation und die Artenvielfalt allerdings sehr unterschiedlich. Beispielsweise ist der Artenreichtum in Kalifornien sehr hoch, da hier keine Verarmung durch Eiszeiten eingetreten ist. Für den Mittelmeerraum sind immergrüne Eichenbestände charakteristisch, in Australien dagegen verschiedene Eukalyptus-Arten bestandsbildend. Im Kapland fehlen Wälder von Natur aus, stattdessen prägen Gebüschformationen die Landschaft. Allen Teilgebieten gemeinsam sind allerdings die hohen Ansprüche, die an die Pflanzen und Tiere gestellt werden: Sie müssen sich einerseits mit der langen Sommertrockenheit abfinden, andererseits aber auch leichte Fröste im Winter aushalten können (KLOHN & WINDHORST 2006: 138f).

6.1 Lebensformen der Pflanzen

Die Pflanzen haben sich auf verschiedene Weisen an die lange Sommerdürre angepasst. Die **Hartlaubgewächse** (Sklerophyllen) reagieren durch Verringerung der Transpiration. Ihre glänzenden Blätter sind dick, steif, ledrig und oft mit einer verdunstungshemmenden Schutzschicht aus Wachs überzogen. Während der trockenen Sommermonate verschließen sie die Stomata und reduzieren so reduzieren die Hartlaubgewächse ihren Wasserverlust auf einen Bruchteil des sonst üblichen. Gleichzeitig steigert sich ihre Zellsaftkonzentration, wodurch die Saugkraft so stark zunimmt, dass sie mit ihren sehr tiefreichenden Wurzeln auch noch Bodenwasser aus großer Tiefe aufnehmen können. So überdauern die Sklerophyllen die Dürrezeiten ohne Blattverlust. Unter feuchten Bedingungen öffnen sich die Spaltöffnungen der Blätter wieder und die Photosynthese kann fortgesetzt werden.

Der Name „Hartlaub" geht auf die Blätter der wichtigsten bestandsbildenden Arten in den natürlichen Wäldern des Mittelmeergebietes, vermutlich sogar aller Teilgebiete, zurück: die immergrünen Stein- und Korkeichen (vgl. Abb. 10). Außerdem gehört auch der Ölbaum in diese Gruppe. In den nordhemnisphärischen Teilgebieten dominierten daneben auch Kiefernwälder (vgl. Abb. 11) (KLOHN & WINDHORST 2006: 138f, MÜLLER-HOHENSTEIN 1981: 132).

Abb. 10: Die Korkeiche (Naturo-Kork AG, Wikipedia, BAIER 2004)

Abb. 11: Pinien dominieren die Nadelwaldgebiete (WERNER 2004)

Durch anthropogene Eingriffe (Ackerbau, Beweidung) seit den ersten Hochkulturen wurde ⅔ der Hartlaubwälder und mit ihnen ein Großteil die weit verbreiteten Nadelwälder (hauptsäch-lich Pinien) zerstört. An ihre Stelle sind heute meist Hartlaub-Strauchformationen (Matorral) getreten. Diese Ersatzgesellschaften werden je nach Wuchshöhe und –dichte als Macchie (hochwüchsig: 2-4 m) oder Garrigue (niederwüchsig: kniehoch) bezeichnet (vgl. Abb. 12). Abbildung 13 zeigt diese beiden Degradationsformen auf Korsika. Die dicht geschlossenen Bestände links vorne entsprechen der Macchie, das locker stehende, niedrige Buschwerk am Gegenhang ist eine Garrigue. Sie bestimmen das Landschaftsbild so sehr, dass einige Autoren ihre Verbreitung sogar als Kriterium zur Abgrenzung der winterfeuchten Subtropen sehen (SCHULTZ 2002: 189f).

Abb. 12: Bestandsstruktur eines hochwüchsigen dichten Matorrals (Macchie) und eines niederwüchsigen offenen Matorrals (Garrigue) (SCHULTZ 2002: 190, zit. nach TOMASELLI 1981)

Abb. 13: Macchie und Garrigue auf Korsika (Wikipedia)

Die **Weichlaubgewächse** (Malakophyllen) dagegen reagieren auf die Sommertrockenheit durch eine starke Reduktion der transpirierenden Blattfläche: sie werfen einen großen Teil ihrer vergleichsweise weichen Blätter ab. Oft bleiben nur die Knospen erhalten, die beim Einsetzen von Regen neu austreiben. Die Blätter vieler Weichlaubgewächse sind mit einem dichten Filz aus Haaren überzogen. So wird zwischen den Spaltöffnungen und der Außenluft ein wasserdampfgesättigter und windstiller Übergangsbereich geschaffen und damit die Verdunstung herabgesetzt. In die Gruppe der Malakophyllen gehören z.B. der Lorbeerbaum, Rosmarin (vgl. Abb. 14), Lavendel und Thymian (LESER 2005: 534, KLOHN & WINDHORST 2006: 139).

Abb. 14: Lorbeerblüte (links) und Rosmarin (rechts)

(HÖGGEMEIER und MARBACH)

Auch wenn die Hartlaubvegetation schlichtweg die charakteristische Lebensform der winterfeuchten Subtropen ist, repräsentiert sie keinesfalls die häufigste Artengruppe. So überwiegen nach Artenzahl vielmehr andere Lebensformen wie Hemikryptophyten und Therophyten, aber auch Chamaephyten und Geophyten. Vertreter dieser Lebensformtypen sind u. a. sommerkahle Halbsträucher, (blattlose oder mikrophylle) Rutensträucher (mit grünen, zur Photosynthese befähigten Achsen) und Gräser. Besonders artenreich sind winterannuelle Kräuter. Viele Pflanzen bilden besonders im Frühjahr auffällig hübsche Blüten und locken so Touristen von nah und fern z.B. zur „Mandelblüte auf Mallorca" an (SCHULTZ 2000: 328f).

6.2 Feuer

Jahr für Jahr informieren uns die Medien über Waldbrände im Mittelmeerraum, Kalifornien oder der südafrikanischen Kapland, die Menschen und Siedlungen bedrohen (vgl. Abb. 15). In den meisten Regionen haben Brände eine mittlere Wiederkehrzeit von nur wenigen Jahrzehnten und gehören damit zu den ureigenen Merkmalen mediterraner Ökosysteme. *„Die mediterrane Vegetation ist besonders feuergefährdet, weil Hitze und Trockenheit jahreszeitlich zusammenfallen, die Sträucher und Bäume gewöhnlich dicht stehen und ätherische Öle und Harze das skleromorphe Laub und das Holz leicht entflammbar machen"*, so begründet es SCHULTZ (2002: 193).

Abb. 15: Waldbrand in Griechenland im Juli 2007 (Wolfsburger Allgemeine Zeitung 2007)

Die Pflanzen haben sich diesem natürlichen Umweltfaktor angepasst: Holzige Pflanzen weisen häufig starke Borkenbildung auf (vgl. Korkeiche in Abb. 9), viele der Baum- und Straucharten besitzen ein sehr hohes Regenerationsvermögen, bei anderen verbessert sich nach einem Feuer die Keimfähigkeit der Samen sogar oder ist dann überhaupt erst möglich. Das Feuer liefert sogar einen entscheidenden Vorteil: Durch das Abbrennen werden die in der organischen Substanz gebundenen mineralischen Nährstoffe früher freigesetzt, als es bei ausschließlich biologisch-chemischen Zersetzung der Fall wäre. Heute sind viele Brände jedoch anthropogen bedingt. Sie führen aufgrund häufigeren Auftretens zu nachhaltiger Schädigung der Pflanzenformationen (SCHULTZ 2002: 192f).

6.3 Tierwelt

Entsprechend der Flora ist auch die Fauna von großem Artenreichtum gekennzeichnet. Sehr viele Tierarten, die ihr Hauptverbreitungsgebiet eigentlich in den Trockenräumen oder den Wäldern der kühlgemäßigten Zone haben, wandern randlich entweder von Süden oder Norden in die Gebiete der winterfeuchten Subtropen hinein und werden dort heimisch. Zu den wichtigsten Tiergruppen zählen neben den Vögeln (insbesondere Sing-, Greif-, Hühner- und Taubenvögel) und Reptilienarten wie Eidechsen oder Schildkröten auch Arthropodenarten (Collembolen, Milben, Ameisen, Spinnen, Käfer, Tausendfüßler, Schmetterlinge, Skorpione, Termiten, etc.). Darüberhinaus sind die winterfeuchten Subtropen wichtige Rast- und Nahrungsplätze für viele durchziehende oder überwinternde Zugvögel aus den mittleren und höheren Breiten (vgl. Abb. 16) (MÜLLER-HOHENSTEIN 1981: 134f, SCHULTZ 2002: 192).

Abb. 16: links oben: Griechische Landschildkröte, rechts oben: Eidechse, unten: Zugvögel (OHMBERGER, TRAPP 2007, GERRESHEIM)

7 Landnutzung

Allen Teilgebieten gemeinsam ist eine relativ dichte Besiedlung. Im Mittelmeerraum begann diese mit den Phönikern, Karthagern, Griechen und Römern schon sehr früh. Seit jeher nutzen die Menschen das Land, um sich zu ernähren, zu leben und zu wirtschaften.

7.1 Bewertung des Naturpotentials für die wirtschaftliche Nutzung

Als vorteilhaft für die wirtschaftliche Nutzung haben sich neben der Lage am Meer und der langen Küstenlinie, die dem Seeverkehr, der Fischerei und in jüngerer Zeit dem Tourismus nützen, insbesondere die warmen Sommer und milden Winter sowie die lange Sonnenscheindauer erwiesen. Davon abgesehen ist das natürliche Potential eher als gering einzustufen, teilweise als Folge anthropogener Landschaftszerstörung.

Das entscheidende Hemmnis für die Landwirtschaft ist die sommerliche Trockenzeit. Wenn auch für die Touristen attraktiv, ist sie für die Landwirtschaft außerordentlich nachteilig, da zur Zeit des Temperatur- und Strahlungsmaximums kein Regenfeldbau möglich ist. In der feuchteren, aber auch kühleren Jahreszeit muss wegen einer hohen Niederschlagsvariabilität mit der Neigung zu Dürren und folgereichen Starkregen gerechnet werden. Mit dem drastischen Rückgang der Abflussmengen bis hin zur Austrocknung vieler Flussbetten stellen die Gewässer keine ausreichenden Reserven zur Überbrückung des sommerlichen Wassermangels bereit. Dies limitiert die Anlage von Bewässerungskulturen und gefährdet gelegentlich sogar die Versorgung der Siedlungen und Industrien mit Drink- und Brauchwasser. Das steile Relief in vielen Gebieten wirkt sich sowohl für eine großflächige Landnutzung wie auch für den Landverkehr nachteilig aus. Als besonders problematisch sind auch die geomorphodynamischen Prozesse der intensiven Bodenabtragung in den Bergländern und die unkontrollierten Aufschüttungen in den Tiefländern anzusehen. Sie gefährden das Kulturland und mindern seine natürliche Ertragskraft. Die an Stelle der natürlichen Wälder entstandenen Ersatzgesellschaften sind forst- und weidewirtschaftlich nur von geringem Wert. Nur noch in den großen Wäldern Nordkaliforniens und Südwestaustraliens sind die Bedingungen für die Forstwirtschaft als gut einzustufen. Außerdem fehlte wegen Armut an Bodenschätzen der natürliche Anreiz für eine frühe industrielle Entwicklung (SCHULTZ 2000: 340).

„Die mediterranen Subtropen sind somit, wenn man die Wirtschaftsvorstellung vom maximalen Ertrag zugrundelegt, von Natur aus benachteiligt. Das natürliche Potential ist begrenzt, leicht erschöpfbar und schwer zu regenerieren" (ROTHER 1984: 96).

Trotz den ungünstigen Voraussetzungen haben alle fünf Teilgebiete der winterfeuchten Subtropen beträchtliche kultur- und wirtschaftsräumliche Bedeutung erlangt. Am Mittelmeer entfalteten sich die antiken Hochkulturen, Kalifornien ist bekannt für eine blühende Landwirtschaft und ein leistungsfähiges gewerbliches Wirtschaftsleben und Mittelchile wurde zum Kernraum des Staates. Lange Zeit war das Kapland der wichtigste Versorgungsstützpunkt auf dem Seeweg nach Indien, Südwest- und Südaustralien sind heute wichtige Fleisch- und Getreideexporteure.

„Trotz der negativ zu bewertenden Eingriffe in den Naturhaushalt hat sich der Mensch dem engen Spielraum, den ihm die Natur belässt, angepasst" (ROTHER 1984: 96).

7.2 Landwirtschaftliche Anbauformen

In allen Teilgebieten der winterfeuchten Subtropen ist die agrarische Landnutzung von ähnlichen Merkmalen gekennzeichnet, die aus dem Anpassungszwang an das Winterregenklima entstanden sind. Sie ist wegen einer engen Vermischung von Regenfeldbau, Bewässerungsbau und Sonderkulturen von Vielfalt gekennzeichnet und eröffnet durch eine ganzjährige Produktion von Obst und Gemüse gute Exportmöglichkeiten.

Regenfeldbau beschränkt sich lediglich auf das Winterhalbjahr. Angepasst an die relativ kühlen Wintertemperaturen werden so vorwiegend Nutzpflanzen der gemäßigten Klimate angebaut. Dazu zählen z.B. Winterweizen, Gerste, Kartoffeln und Feldgemüse wie Salat, Zwiebeln, Tomaten, Blumenkohl. In den Sommermonaten erlaubt das warme und strahlungsreiche Klima neben den oben genannten Gemüsearten auch den Anbau von wärmebedürftigen und kälteempfindlichen Feldfrüchten wie Reis und Baumwolle. Allerdings ist man dann unbedingt auf künstliche Bewässerung angewiesen. Besonders typisch für diesen Landschaftsgürtel ist eine Vielzahl von Sonderkulturen. Im Mittelmeerraum sind dies neben Trauben zur Weinproduktion und Ölbaumhainen (vgl. Abb. 17) der Obstbau (Pfirsiche, Aprikosen, Zitronen, Orangen, etc.) (vgl. Abb. 18), sowie Mandel- und Feigenbäume. Abgesehen von den Zitrusfrüchten, die trockenzeitlich bewässert werden müssen, überstehen die übrigen Fruchtbaumarten den Sommer mit den regenzeitlich aufgebauten Vorräten an Bodenwasser. Nur gelegentlich ist ergänzende Bewässerung nötig.

Abb. 17: Ölbäume inmitten von Weinstöcken in Spanien (Städtisches Gymnasium Goch 2000)

Abb. 18: Saftige Pfirsiche und Zitronenbaum in Ägypten (KLEINWORTH, DIETRICH)

Während sich die Ackerbaugebiete in den küstennahen Tiefländern konzentrieren, findet man die Baumkulturen an den Hängen der Bergländer, auf die schließlich im höheren Gebirge Naturweiden folgen. Auf diese zieht das Vieh im trockenen Sommer, da dort saftigere Weiden erhalten bleiben (Transhumanz) (SCHULTZ 2002: 196f).

8 Fazit

Nach meinen Ausführungen wird deutlich, dass es hauptsächlich die Naturausstattung ist, die alle Teilgebiete der winterfeuchten Subtropen für Touristen besonders attraktiv macht. Natürlich spielt dabei das Klima mit seinen trockenen und heißen Sommern und den milden Wintern eine entscheidende Rolle. Ein Reiseveranstalter wirbt mit folgenden Worten: *„Entdecken Sie mit uns die landschaftliche Vielfalt und Schönheit Mallorcas: weitläufige Strände, schwindelerregende Felsküsten und mächtige Berge, knorrige Olivenbäume und duftende Zitronen- und Orangenhaine. Urlaub auf Mallorca weckt die Lebensgeister, verlockt zu interessanten Spaziergängen, Ausflügen und anderen Aktivitäten (…). (…) erleben Sie die Pracht tausender blühender Mandelbäume. Darüber hinaus erfreuen Sie sich an der üppigen Far-*

benpracht unzähliger Zitrusbäume (...)" (Dertour 2007). Wichtige Anziehungspunkte sind auch die vielen Orte mit antiken Ruinenstätten und historisch wertvollen Baudenkmälern. Insbesondere im Mittelmeerraum finden jedes Jahr Millionen von Europäer, die in bevölkerungsreichen Gebieten ohne diese naturräumlichen Vorzüge leben, ihren nächstgelegenen Badeort mit Sonnenscheingarantie.

Einerseits sind die Einnahmen aus dem „Massenphänomen Tourismus" für die Länder von großer wirtschaftlicher Bedeutung, doch bleibt es nicht ohne Folgen: In vielen Gebieten, insbesondere an den Küsten, führt der moderne Tourismus mit seinem enormen Flächenbedarf für riesige Hotelkomplexe und breite Badestrände zu einem erheblichen Wandel der Landschaft mit weitreichenden ökologischen Konsequenzen (Wasserknappheit, Lärmbelastung, Luft- und Meeresverschmutzung, etc.).

Es war das natürliche Potential der winterfeuchten Subtropen, das die touristische Erschließung auslöste. Jetzt gilt es, das heute noch Verbliebe zu schützen und zu bewahren. Ich hoffe, dass das Konzept des „sanften Tourismus", das schon in einigen Regionen erfolgreich angewandt wird, in Zukunft verstärkt eine Möglichkeit bietet, Natur und Tourismus zu verbinden und so die landschaftliche Schönheit der winterfeuchten Subtropen nachhaltig bewahrt werden kann.

9 Literaturverzeichnis

BRÜCKNER, H. (2007): Formengemeinschaften der Winterregengebiete. In: GEBHARDT, H. et al (Hrsg.): Geographie: Physische Geographie und Humangeographie. München: 345-348.

Dertour (2007): Mallorca – Königin der Balearen. Internet: http://www.atctouristic.de/pdf/ BSW_Mallorca_2008.pdf (30.12.07).

DI CASTRI, F., D. W. GOODALL & R. L. SPECHT (1981): Mediterranean-type shrublands (= Ecosystems of the World 11). Amsterdam.

Diercke Weltatlas (^{5}2002). Braunschweig.

KLOHN, W. & H.-W. WINDHORST (^{4}2006): Physische Geographie: Böden, Vegetation, Landschaftsgürtel (= Vechtaer Materialien zum Geographieunterricht). Vechta.

LESER, H., S. MEIER & T. MOSIMANN (^{13}2005): Wörterbuch Allgemeine Geographie. München.

MÜLLER-HOHENSTEIN, K. (^{2}1981): Landschaftsgürtel der Erde (= Teubner Studienbücher der Geographie). Stuttgart.

RIKLI, M. (1943): Das Pflanzenkleid der Mittelmeerländer (1). Bern.

ROTHER, K. (1991): Die mediterranen Subtropen: Einheit oder Vielfalt? Geographische Rundschau 43 (7/8): 402-408.

ROTHER, K. (1984): Die mediterranen Subtropen. Mittelmeerraum, Kalifornien, Mittelchile, Kapland, Südwest- und Südaustralien. Braunschweig.

SCHULTZ, J. (2002): Die Ökozonen der Erde. Stuttgart.

SCHULTZ, J. (2000): Handbuch der Ökozonen. Stuttgart.

THEIßEN, U. (1987): Das Mittelmeergebiet. Geographie heute 8 (52): 2-8.

Universität Zürich (2001): Erläuterungen zu Terra fusca und Terra rossa. Internet: http://www.geo.unizh.ch/bodenkunde/ergaenzung/erg_kap7.html (12.12.07).

ZECH, W. & G. HINTERMAIER-ERHARD (2002): Böden der Welt – Ein Bildatlas. Berlin.

10 Abbildungsverzeichnis

BAIER, C. (2004): Blätter der Korkeiche. Internet: http://online-media.uni-marburg.de/biologie/ nutzpflanzen/christina/seiten/seite2.htm (10.12.07).

BERNHARD, S. (2005): Biokovo-Gebirge in Kroatien. Internet: http://www.unterwex.ch/ Reisebericht_Kroatien2005_2.htm (10.12.07).

DIETRICH, V. (o. J.): Zitronenbaum in Ägypten. Internet: http://de.wikipedia.org/wiki/Zitrone (13.12.07).

FISCHER, K. (2005): Insel Symi.

GERRESHEIM, H. (o.J.): Zugvögel. Internet: http://www.pilsumer-leuchtturm.de/body_in dex.html (13.12.07).

GURK C. & C. HEPP (o. J.): Der Ölbaum und seine Früchte. Internet: http://www.baumkunde.de/baumdetails.php?baumID=0458 (12.12.07).

HÖGGEMEIER, A. (o. J.): Lorbeerblüte. Internet: http://www.ruhr-uni-bochum.de/boga/html /Laurus_nobilis_Foto.html (10.12.07).

KLEINWORTH, M. (o. J.): Saftige Pfirsiche. Internet: http://www.kleinworth.de/shop/catalog /images/216g.jpg (12.12.07).

MARBACH, E. (o.J.): Rosmarin. Internet: http://www.heilkraeuter.de/herbs/rosmarin.htm (10.12.07).

Naturo-Kork AG (o. J.): Korkeiche in Portugal. Internet: http://www.naturo-kork.ch/M215_M06/cms/korkrohstoff.asp?Men=2835 (10.12.07).

OHMBERGER, R. (o. J.): Eidechse. Internet: http://www.amplifier.cd/Natur/Insekten-Tiere/ Insekten_Tiere.htm (13.12.07).

Pinea-Reisen (o. J.): Korsika – Das Meer. Internet: http://pinea-reisen.de/resources/Das Meer01.jpg (13.12.07).

ROTHER, K. (1984): Die mediterranen Subtropen. Mittelmeerraum, Kalifornien, Mittelchile, Kapland, Südwest- und Südaustralien. Braunschweig.

Städtisches Gymnasium Goch (2000): Ölbäume inmitten von Weinstöcken in Spanien. Internet: http://www.kle.nw.schule.de/gymgoch/faecher/fahrten/torre_00/obst.htm (12.12.07).

TRAPP, B. (2007): Griechische Landschildkröte. Internet: http://www.chamaeleo-africanus.eu/ galerie_reptilien.html (13.12.07).

Uni Münster (2006): Massentourismus. Internet: http://wwwifdg.uni-muenster.de/mallorca/
kurzcharakteriserungen/kurzcharakterisierung.htm (13.12.07)

Urlaubswerk (2007): Sonnenuntergang Mallorca. Internet: http://community.urlaubswerk.
de/gallery/7dd7422bc780e198d1af2235ab73bd06.jpg (12.12.07).

WERNER, M. (2004): Pinien dominieren die Nadelwaldgebiete. Internet: http://de.wikipedia.
org/wiki/Mittelmeerraum (31.12.07).

Wikipedia (o. J.): Macchie und Garrigue auf Korsika. Internet:
http://de.wikipedia.org/wiki/Macchie (12.12.07).

Wikipedia (o. J.): Die Korkeiche. Internet: http://de.wikipedia.org/wiki/Korkeiche (12.12.07).

Wolfsburger Allgemeine Zeitung (2007): Waldbrand in Griechenland im Juli 2007. Internet:
http://www.waz-online.de/newsroom/weltimspiegel/zentral/weltimspiegel/
art699,88070 (10.12.07).